昆虫班

垃圾分类日志（下）

凌 彬 主编

会变颜色（绿蓝红黑），正义、热心，是吃货，有时比较拖拉

蜻蜓老师

幽默、知识渊博，
飞行本领高超

蝴蝶美美

有洁癖、爱打扮，傲娇，
常指使其他同学干活

蜜蜂珍珍

成绩好，勤劳、
古板、胆小

蟑螂霸

不讲卫生、乱丢垃圾，常和
其他同学打闹，爱占便宜

螳螂刀

强壮、热心，爱管闲事，
常好心办坏事

目录

小蚁哥想学什么呢?

旧衣服

2月15日　天气

新学期开始了。一早，小蚁哥显得格外兴奋，他迫不及待地来到学校，想和小伙伴们分享他的新发现。

教室里，学霸蜜蜂珍珍在认真地看书，热心的螳螂刀在卫生角整理卫生工具，爱臭美的蝴蝶美美正拿着镜子看她头上新买的发夹……

小蚁哥踏进教室激动地说："小伙伴们，前几天我有一个大发现！"

"什么大发现？"

"发现了什么好玩的？"

“快说快说！”

……

大家纷纷围到小蚁哥身边。

“我们蚂蚁小区来了一个新朋友——旧衣物回收箱。”

“这个我知道！”蜜蜂珍珍说，“我们可以把平时不穿的旧衣服放到旧衣物回收箱里进行回收。”

小蚁哥边放书包边说：“是的，我和妈妈前几

天整理了我们家的大衣柜，把平时不穿的旧衣服送到那里去了！”

“回收这些旧衣服有什么用呢？”螳螂刀用他的大刀挠了挠脑袋。

“我妈妈说这些旧衣服会被捐赠给需要的人，这样我们还做了好事呢！”小蚁哥自豪地说。

一旁的蝴蝶美美听后皱了皱眉：“别人穿过的衣服谁知道干不干净，如果是我，我才不穿呢。我就爱穿美美的新衣！”

大家你一言我一语地发表自己的想法。

“孩子们，你们在聊什么呢？聊得这么起劲，连上课铃都没听到。”蜻蜓老师已经悄悄地来到同学们的身边。

同学们赶紧回到座位上，教室里顿时鸦雀无声，只有小蚁哥大胆地举手说道：“蜻蜓老师，我家所在的小区最近安放了一个旧衣物回收箱。我们正在讨论这些回收的旧衣物的用处。”

蜻蜓老师说：“孩子们，这些旧衣物会被运送到分拣中心，分拣中心的工人会挑选出能捐赠的衣物，对它们进行清洗、消毒，然后将这些衣物送到偏远山区，捐给买不起衣服的孩子。”

“那些不能捐赠的旧衣物该怎么办呢？”蜜蜂珍珍好奇地问。

蜻蜓老师用手扶了扶眼镜，说道：“无法

再穿的旧衣物需要按照不同的材质进行分类，经过处理后，制成无纺布、再生手套、地毯、保温材料等。”

“哇，原来旧衣物有这么多用处！”小蚁哥不禁发出感叹。

“孩子们，每年全国废旧纺织品存量约 2000 万吨，但其综合利用率却不到 20%。废旧衣物从垃圾箱走进填埋场，部分衣物里的合成化学成分需要 10 年以上的时间分解。”

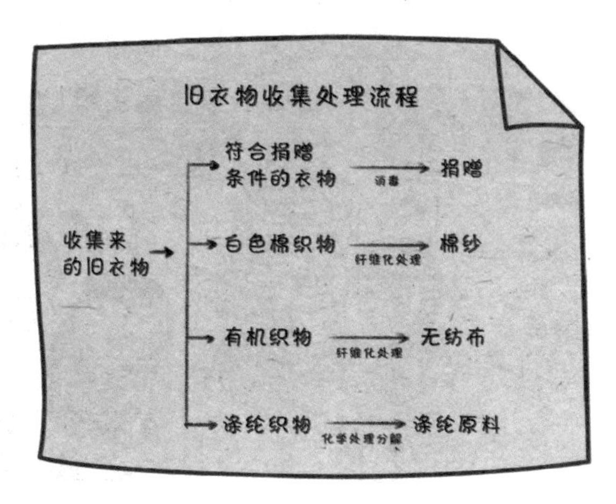

蜜蜂珍珍很是惊叹：“需要这么久，里面

的化学成分可能还会污染周围的环境！”

“所以我们要回收利用这些旧衣物。每利用1千克废旧纺织物，就可以减少3.6千克二氧化碳排放量，节约水6000升，减少使用0.3千克化肥和0.2千克农药。”

“回收旧衣物真是一件非常有意义的事情，不仅环保，还可以为公益事业做贡献。”蜜蜂珍珍自言自语。“这么有意义的事情我也要参与！”螳螂刀兴奋地挥舞起他的大刀。

蝴蝶美美加入进来：“正好我家有好多旧

衣服，我可以把它们整理出来放进旧衣物回收箱。”

蟑螂霸赶忙说：“我也去找找。”

小蚁哥见大家这么积极，脑袋瓜一转，说道：“要不我们这周六一起将旧衣物投放到我们蚂蚁小区的旧衣物回收箱里？”

“好呀，好呀！”大家都赞成。

蜻蜓老师见到这一场景，笑着竖起大拇指。

教学笔记　　Date 2019.2.15

旧衣物回收箱不仅可投放四季的衣服、使用过的箱包，还可以投放家纺用品。但是切记，受污染的织物是不可以投放的，它们属于其他垃圾，应该扔进黑色垃圾桶。

垃圾分类，生活更美。

蜻蜓老师

埋在花盆里的果皮

2月20日 天气 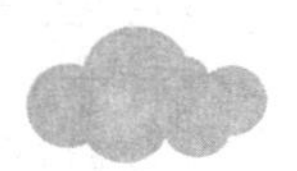

一大早，同学们就忙着打扫卫生。蝴蝶美美对螳螂刀说：“我要去擦黑板，你能帮我搬把椅子过来吗？”螳螂刀爽快地答应了。他搬起第一排蟑螂霸的椅子，连同上面的书包快速来到蝴蝶美美面前。还没放平椅子，他就松了手。由于蟑螂霸的书包太重，椅子“吧嗒”一下翻了。听到响声，大家不约而同地朝黑板这边看来。

这时，一根弯弯的香蕉从蟑螂霸开口的书包里蹦出来，亮丽的黄色在众目睽睽之下显得特别刺眼。不一会儿，大家就开始传起来：蟑

螂霸竟然带香蕉来上学，我要去告诉蜻蜓老师。

这香蕉是蟑螂霸的妈妈早上硬塞在他书包里，嘱咐他路上吃的。他这个破脑袋瓜竟然忘记了，还被同学们发现了。说时迟，那时快，蟑螂霸以迅雷不及掩耳之势拿起地上的香蕉，想要扔到垃圾桶里。他心里嘀咕着：到时候就和老师说香蕉坏了，带到学校里来扔的。可是

他看着手中金灿灿的香蕉，实在不舍得扔掉。小蚁哥看出了蟑螂霸的小心思，一把夺过香蕉，问蟑螂霸："你要把这么好的香蕉丢掉吗？"

"那怎么办？我可不想被老师知道我带了香蕉来上学，蜻蜓老师最讨厌我们违反校规了。我真的不是故意带它进学校的，我上学路上忘记吃了。"别看蟑螂霸平时耀武扬威的，还真受不得委屈。

"那，要不，你把它吃了吧，丢掉太可惜了。"蝴蝶美美出了一个主意。

"不行，蜻蜓老师说了，不能在教室里吃东西！"蜜蜂珍珍忙上来阻止。

"哈哈，我帮你吃了吧。"螳螂刀开起玩笑来。大家你一言我一语地说开了，但都没有想出一个两全其美的办法。

“我听妈妈说，香蕉等水果的果皮可以作为肥料，让植物长得更好。”小蚁哥说道，“要不，我们把香蕉皮切成小片，放在教室的花盆里当肥料？”

“这是个好主意。”同学们都称赞小蚁哥。

“但是还有香蕉肉啊，这个也当肥料吗？”蟑螂霸还是有些舍不得他那香甜可口的大香蕉，“万一蜻蜓老师看到香蕉肉，不得追问这是谁带来的吗？”

“那你还是吃了吧，我们就当没看见。”小蚁哥号召大家保密，开学没几天，可别惹蜻蜓老师生气。

于是蟑螂霸壮了壮胆子，狼吞虎咽了一番，看得同学们纷纷咽口水。

“别看了别看了，谁有小刀？我们把香蕉皮

切一下埋在各个花盆里吧。”小蚁哥急忙说。

螳螂刀举起他的大刀，只听“霍霍”几下，香蕉皮就四分五裂了。同学们开始动手埋香蕉皮。这可比打扫卫生好玩多了。一阵忙活后，教室整洁如初。

不知何时，蜻蜓老师站在了窗台上的花盆旁边，大家的心瞬间提到了嗓子眼，尤其是蟑螂霸，他可紧张了。

“是谁这么聪明，把香蕉皮带来给植物施肥？”说着，蜻蜓老师笑眯眯地扯出埋在土里的一小片香蕉皮。小蚁哥刚要开口，蟑螂霸马上抢在前头：“是我，蜻蜓老师，是我带来的香蕉皮。”

“哦？你什么时候变成垃圾分类小达人了？真让老师刮目相看！”听了老师的表扬，蟑螂霸扬扬自得，丝毫没有注意到同学们的窃窃私语。

丁零零，下课了。蜻蜓老师叫住蟑螂霸，

要给他一个奖励，同学们开始愤愤不平地讨论起来。没过多久，蟑螂霸回到教室，带着一脸的郁闷与委屈走到小蚁哥身边：“对不起，小蚁哥，是我不对！”紧接着，蜻蜓老师走进教室，示意大家坐下来，说：“瓜果皮的确是促进植物生长很好的肥料，谢谢献计献策的小蚁哥。但小蚁哥同大家一起隐瞒老师就做得不对了。这是好事，为什么要瞒着老师，不让我为你的足智多谋鼓掌呢？另外，蟑螂霸这次不是故意带零食到学校的，我就不追究了。以后如果大家不小心把零食带到了学校，可以和老师说明情况，把零食放在老师这里，放学后取回即可。这次大家团结一致，把垃圾分类工作做得很棒，因此今晚的作业是，请你们做一份植物的肥料大餐，送给家里的花花草草。”

“太棒了，小蚁哥又让我们学了一招。感谢亲爱的蜻蜓老师！万岁！”

今天真是收获颇丰啊！

教学笔记

Date 2019.2.20

瓜果皮是不错的植物肥料，但大块的瓜果皮直接放在花盆里容易腐烂变质，最好是将瓜果皮切碎晒干或者经过发酵后铺在土壤上，这样能更好地被植物吸收！

蜻蜓老师

垃圾中转站

2月26日　天气

寒假期间，昆虫班的同学们都到社区报名参加了垃圾分类志愿者活动，受到社区叔叔阿姨们的交口称赞。为了奖励他们，蜻蜓老师决定今天下午带他们去看看垃圾们的“家”。

“耶……出发！”大约20分钟后，汽车停在了一个公园门口。“咦？这里不像是放垃圾的地方，哪有垃圾，是不是搞错了？”螳螂刀问道。

“放心吧，错不了，跟我来。”蜻蜓老师带他们沿着公园的主路往里走，只见一扇大门出

现在眼前，大门上方还有一行大字——生活垃圾转运站。“这就是垃圾的一个‘家’，也叫垃圾中转站。”蜻蜓老师解释道，“不过，这不是它们最终的‘家’，而是临时的。我们进去看看吧。”说着，他们走了进去。

“垃圾中转站有什么作用？”小蚁哥问。

“垃圾中转站就是垃圾的一个中转点，对垃圾进行分类和压缩，将更多的垃圾及时运出去，提高垃圾的处理效率。”蜻蜓老师解释道。

“我以为垃圾中转站会又脏又臭呢。”蝴蝶

美美边看边说，在这之前她还担心了很久。

“那是传统的垃圾中转站，这个是新型垃圾中转站，用新方法来消除臭味。”蜻蜓老师带着他们继续往里走。

这时，一辆厨余垃圾转运车缓缓开进来，停在了一个闸口前。“装满垃圾的垃圾车驶进中转站后，经过称重，再驶向卸载区。”蜻蜓老师解说着。

这时，垃圾车的后部出现了一个圆筒形的空容器。“这是什么？好大啊！”螳螂刀张大

了嘴巴。

“这还不简单，肯定是用来装垃圾的桶，只不过是一个大号垃圾桶。”蟑螂霸笑着说。只见垃圾车打开尾部卸料门，将垃圾卸入空容器内。“还真是啊！”螳螂刀一动不动地看着。

“要臭死了！”蝴蝶美美捏着鼻子说。其他小朋友也马上捏住鼻子。

教学笔记 Date 2019.2.26

生活垃圾转运站主要采用竖直式压入装箱工艺，并采用“平进平出”的工艺布置方案。和传统的横推式处理方式相比，竖直式处理方式的优点十分明显：

1. 节省了装置的占用空间。
2. 操作更加灵活方便。
3. 解决了站内的渗滤污水问题，渗滤液将直接随垃圾容器一起运往下游处理厂进行处理。

蜻蜓老师

“不用捏鼻子。”蜻蜓老师淡定地说。只见垃圾车上方的自动喷雾器开始工作了。“咦？真的没有那么臭。”蝴蝶美美闻了闻。

“接下来是不是要压实啊？”小蚁哥猜测道。

“是的，不过工作人员要根据称重计量系统传来的累加重量和监控系统的实时监控结果，确定哪个容器已装满垃圾，需要压实。从上往下竖直压实垃圾后，垃圾车继续往容器内卸垃圾，装满，再压实，如此反复2—3次，直到容器内的垃圾达到设计的装载量。”蜻蜓老师继续说。

“这样压过，垃圾真的变得很小了！”小蚁哥和其他小朋友惊奇地看着垃圾慢慢变小。

“小是小了，但肯定压出了很多水，那些脏水怎么办呢？”蜜蜂珍珍担心地说。

“问得好！这也是新型垃圾中转站重点解决的问题。你们看！”蜻蜓老师指着一些管道说，“这里铺有专门的管道和防渗层，用来收集垃圾发酵产生的气体和渗滤液。气体和渗滤液会被运输至末端处置厂处理。

“这个新型垃圾中转站真厉害！不对，应该说设计它的工程师们真厉害！”蝴蝶美美很佩服，拿出笔记本“唰唰”地记着。

“是啊，新型垃圾中转站可以消除垃圾存放和处理过程中产生的异味、蚊蝇和二次污染，杜绝垃圾站对周围环境的影响，实现科学、

环保、人性化的全天候作业。”蜻蜓老师接着说。

“全天处理垃圾？那会影响周围居民休息吗？”螳螂刀很担心。

“你忘了，这是一个公园，周围被树包围着，树能够减弱噪音。”小蚁哥说道。

“原来如此，难怪要建在公园里。”螳螂刀点点头。

“不错，这是新型垃圾中转站的又一个设计亮点，减少对周围居民的影响。”蜻蜓老师继续说，“你们看，容器内的垃圾填充完毕后，载有容器的转运车就会驶离转运站，将垃圾运往对应的终端处置场进行处理。”

“这样运输，密封性真好！给新型垃圾中转站点赞！”小蚁哥竖起大拇指。

“走，我们去门口拍照点赞！”说着，蜻蜓

老师和昆虫班的孩子们一起向大门口走去。大家与垃圾中转站来了一张合影，并结束了这次新奇的旅行。

垃圾袋上的二维码

3月7日 天气

昆虫班的孩子们最喜欢蜻蜓老师了，因为蜻蜓老师每次都会给他们带来新奇好玩的东西。这不，今天上课时，蜻蜓老师又给大家带来了一样新东西。

“一包垃圾袋？”螳螂刀疑惑地问，“有什么用啊？”

蜻蜓老师把垃圾袋发给每一个小朋友：“垃圾袋上有个秘密，你们发现了吗？”

小朋友们左看看右看看，举起了手：“我知道，我知道……”

“蝴蝶美美，你来说。”蜻蜓老师说。

“上面有个二维码。”蝴蝶美美指着垃圾袋的一个角说道。

“是的，每个垃圾袋上都有一个二维码。”蜻蜓老师继续问，“那你们知道这个二维码有什么用吗？”

“肯定是用来结账的，就跟超市里的塑料袋一样，扫一扫，嘀，请给两毛，哈哈。”螳螂刀很自信地说。其他小朋友也跟着笑起来。

“不对不对，我们小区的垃圾袋都是免费领的，不需要付钱。”小蚁哥反驳道。

“那你说有什么用处？”螳螂刀不服气。

“嗯……”小蚁哥犯了难，其他小朋友也都一脸疑惑地看向蜻蜓老师。

“二维码是垃圾袋的‘身份证’。现在，一些小区的垃圾袋上都有这样的二维码，而且每家每户的二维码各不相同。”蜻蜓老师解释道。

“我知道了，通过这个‘身份证’，可以追踪到垃圾的主人。”蜜蜂珍珍自信地说。

“哇，这么厉害，垃圾袋都有‘身份证’啦！”螳螂刀惊叹道，“那以后乱装垃圾就会被查到了！”

“你说得不错，小区垃圾分类督导员用专门配备的手机扫一扫这个二维码，就能知道这是谁家的垃圾了。小区发放垃圾袋时会扫描垃圾袋上的专属二维码，智能录入垃圾袋领取信息，帮助每家每户建立垃圾分类家庭电子

档案。”蜻蜓老师继续说。

“垃圾也要建立档案啊，真神奇！”螳螂刀很困惑。

“这是为了追踪每家每户的垃圾分类情况。”蜻蜓老师回答道。

“那不是还得有人去翻每个垃圾袋？真是又脏又累！”蝴蝶美美很不赞同。

“没错，所以为了提高追踪效率，小区聘请

社区小组长担任垃圾分类督导员，对垃圾进行开袋检查，还请志愿者一起帮忙。”蜻蜓老师拿出一个志愿者袖章，“孩子们，这周六我们班的社区活动就是垃圾分类督导志愿者活动，帮小区加强垃圾分类的宣传。”

“耶，太好了，可以当志愿者了！”螳螂刀激动地叫了起来。其他小朋友也很兴奋，只有蝴蝶美美不情愿：“我才不要去翻垃圾呢。”

“不是去翻垃圾，你没听蜻蜓老师说吗？垃圾是需要环保公司开袋检查的。”小蚁哥解释道，“蜻蜓老师，你快告诉我们志愿者需要做什么吧！”

看到孩子们这么激动，蜻蜓老师高兴地说：“其实做小区志愿者很简单。环保公司每天会对小区居民垃圾分类和投放情况进行开袋检查，然后用专门配备的手机扫描垃圾袋上的二维码进行记录。垃圾分类督导员根据居民垃圾分类的参与率和准确率等数据，可以发现哪几户的垃圾分类不达标。对于不达标的家庭，我们志愿者就要到他们家进行指导，讲解垃圾袋上二维码的作用，帮他们提高垃圾分类的积极性和准确性。”

No.

Date 2019.3.9

志愿者笔记

有了垃圾袋上的二维码，每户家庭都有垃圾分类家庭电子档案。从垃圾袋的领用到垃圾开袋检查，实现了联网。

小蚁哥

“是这样啊，那我就放心了。上门讲解我还是很在行的。”蝴蝶美美点点头，其他小朋友也都跃跃欲试。“我们已经学了很多垃圾分类的知识了，这下有用武之地了。”小蚁哥高兴地跳起来。

“但是这个二维码会不会泄露小区居民的隐私啊？”蜜蜂珍珍很担心。

“这个问题问得好。大家放心，这些二维码需要专门配备的手机才能扫出相应的信息，小区工作人员也会严格对个人信息进行保密，保护居民隐私。”蜻蜓老师耐心地解释道。

“这样就安全多了。”蜜蜂珍珍说。

“现在小区实行垃圾分类奖惩制度，会根据分类准确率进行‘优、良、中、差’四个等级的评定。城市生活垃圾分类管理办公室会进行

季度评比，对先进者予以奖励。”蜻蜓老师见大家很感兴趣，便继续说，“有了垃圾袋上的二维码和我们共同的努力，相信小区的垃圾分类会越来越规范。”

神奇的堆肥桶

3月12日　天气 

一年一度的植树节到了，这是绿色学校的传统节日。昆虫班的同学们又开始紧锣密鼓地忙碌起来。

你瞧，昆虫班的活动是种凤仙花，要求孩子们自己动手设计凤仙花的花盆，精心培育凤仙花并记录它的成长历程。最后谁的凤仙花长得好，谁就能获得终极大奖——高空飞行旅游一次。一听到消息，教室里便炸开了锅。

“我们终于有机会翻身，一改往年落后的名次了。”从蜻蜓老师那里领了种子的螳螂刀对

蟑螂霸说。

“谁落后了？我每次都在你前面。”蟑螂霸藏好自己的种子，不服气地说。

回到家，小蚁哥很苦恼，因为他对植物不熟悉，蝴蝶美美、蜜蜂珍珍和螳螂刀总与植物为伴，肯定很了解植物的习性。“我该怎么做才能让凤仙花长得更好呢？”陷入沉思的小蚁哥连妈妈的开饭声都没有听到。

“怎么了，孩子，你遇到什么烦心事了？”妈妈关切地问。小蚁哥把比赛的事和爸爸妈妈说了一番，希望能从爸爸妈妈那里得到一些帮助。他们一起上网查找了一些资料，但是谁也没有实践过，把握不准，最后，爸爸建议小蚁哥去向隔壁种菜的王奶奶讨教经验。

第二天一早，小蚁哥就来到王奶奶家，看到王奶奶正在菜地里浇水。小蚁哥向王奶奶问好，并向王奶奶讨教使植物长得快、长得健康的方法。王奶奶笑着提了提水桶，说：“秘密就在这里。”

小蚁哥疑惑地说：“是营养水？”

王奶奶得意地笑了：“准确地说，是天然环保营养液，这是植物最喜欢的营养品。”

“真的吗？王奶奶太厉害了，还知道植物最

喜欢的营养品，快告诉我哪里有卖，我也要去买。”

“这不是买来的，是用心做出来的。植物有灵性，你用心对待它，它会感受到，长得更好。”

说着，王奶奶带小蚁哥来到后花园，那里有两个高高大大的桶，每个桶的下面有个水龙头。小蚁哥兴奋地问：“王奶奶，这两个就是自制营养液的大桶？”

“是的，就是它们。我们一起看一下吧。”王奶奶刚说完，小蚁哥就好奇地打开大桶的盖子，想一探究竟。

“啊，好臭！”开盖的一刹那，小蚁哥被一阵扑鼻而来的臭味熏得后退了好几步。“王奶奶，您放了什么？这个能让植物喜欢？”小蚁哥疑惑地问。

“这个叫堆肥桶，里面的营养液是用平时的蔬菜叶、果皮和剩菜剩饭发酵而成的。蔬菜叶、果皮等发酵后会流出含有营养的液体。等这些东西腐烂成渣，还可以把它们放在土壤上面，让土壤更肥沃。”

“真的吗？今天您在菜地里浇的就是这个营养液吗？”小蚁哥问。

“是的，就是这个神奇的水。你看，我种的菜是不是非常绿？有些营养液还有驱虫的作用，

你可以试试。”王奶奶说道。

“好的，王奶奶，我马上就去做个堆肥桶。”

“记得定时开一下盖子，不然里面的气太多，会把桶撑坏的。”王奶奶对着飞奔回家的小蚁哥喊道。

回到家，小蚁哥找来一个大桶，对妈妈说：“妈妈，从今天开始把菜叶子、瓜果皮、剩菜剩饭都放到这个桶里，我要做一桶凤仙花喜欢的营养大餐。”

这几天，小蚁哥一直在收集剩菜剩饭、蔬菜叶、瓜果皮等厨余垃圾，甚至去邻居家收集，弄得大家都知道了小蚁哥的堆肥桶。眼见堆肥桶里的材料越来越多，小蚁哥让爸爸帮忙把桶抬到院子里晒太阳，还不忘王奶奶的嘱咐，隔天开一下堆肥桶的盖子。

功夫不负有心人，小蚁哥的堆肥桶里终于有营养液了。这可把小蚁哥高兴坏了。他马上叫来妈妈，兴奋地把营养液收集起来，想往刚抽芽的凤仙花苗上浇。妈妈阻止道："凤仙花苗还很娇嫩，不要用浓营养液浇，它会受不了的。在营养液里多加点水吧。"小蚁哥觉得有道理，就按妈妈说的做。

快到揭晓比赛结果的日子了，昆虫班的同学们开始议论起凤仙花的高度和茎的粗细。最

后一天，同学们早早地就把自己的凤仙花带到学校。蜻蜓老师说："今天，我们来看看同学们的种植成果，请把凤仙花都放到讲台上。"

"哇，小蚁哥的凤仙花居然长这么高，太不可思议了。不用比就知道，肯定是第一。"蝴蝶美美喊道。同学们都争着来看小蚁哥的凤仙花。

只有蟑螂霸迟迟不起身。"怎么了，蟑螂霸，你的呢？"蜻蜓老师问道。蟑螂霸委屈地说："前几天我给凤仙花施肥，可没想到，凤仙花都死了。"说着，蟑螂霸哭了起来。

蜻蜓老师连忙安慰蟑螂霸："看得出来你这次很用心，但施肥对植物而言是把双刃剑，施多了会使植物营养过剩。"

原来是这样，看来是蟑螂霸太着急得第一了。蜻蜓老师看着小蚁哥的凤仙花，说："我想同学们都非常想知道，小蚁哥是怎么让凤仙花

长得这么好的。”

“我也没做什么，就是做了一个堆肥桶，让桶里的营养液成为凤仙花的营养大餐。”小蚁哥挠挠自己的头，不好意思地解释道。

“哦，原来是这样，是神奇的堆肥桶把凤仙花养这么好的。大家回去也可以给你们的凤仙花做些营养液。”蜻蜓老师说着，举起小蚁哥的手，宣布了此次比赛的冠军。昆虫班响起热烈的掌声。

教学笔记

Date 2019.4.29

剩菜剩饭、蔬菜叶、瓜果皮等都可以收集起来放在堆肥桶里进行发酵。这些发酵水和残渣是植物非常喜欢的营养品。

蜻蜓老师

我家有了小妹妹

3月21日　天气

最近，昆虫班的同学们聊天的内容总绕不开一个话题，那就是家里多了个二宝。

这不，蟑螂霸的妈妈生了一个小妹妹。这几天蟑螂霸变得温柔多了。

从前蟑螂霸走路总是横冲直撞，可是他抱着小妹妹的时候，走得小心翼翼的；从前蟑螂霸说话嗓门可响了，可是他抱着小妹妹的时候，说话轻声细语的。

同学们都惊讶于蟑螂霸近期的变化，纷纷竖起大拇指为他点赞，连蜻蜓老师也在课堂上

重点表扬蟑螂霸，为他加了不少小红花。

中午，蟑螂霸把妹妹抱来学校，炫耀道："我妹妹会叫哥哥啦！她的声音简直太甜美了，就像小精灵在荷叶上跳舞！"

"接下来她就会叽叽喳喳地在你耳边说个不停，可烦人了！"蝴蝶美美皱着眉头，苦恼地说道，因为她有一个弟弟，深有体会。

"我的妹妹很早就会讲话了。虽然她的名字叫清清，但她说话的声音一点都不'轻'。她很喜欢听故事，总是拿各种书缠着我和妈妈给她讲。有时她还会一边咂嘴一边说梦话。她的梦里肯定都是好吃的，真是个小吃货！”蜜蜂珍珍虽然嘴上抱怨着，脸上却洋溢着满满的幸福。

“我可真羡慕你们！我家只有我一个孩子，做完作业只能出门找别的小朋友玩。”小蚁哥听着大家聊天，有点沮丧地说。

“小蚁哥，现在你可以体会一下当哥哥的感觉！”蟑螂霸说，“来，你试试抱小妹妹。”

小蚁哥小心翼翼地接过小妹妹。

小妹妹的脸蛋肉嘟嘟、粉嫩嫩的，真是可爱极了！

小蚁哥不停地讲笑话、做鬼脸，逗得小妹妹哈哈大笑。

突然，只听“噗”的一声，一阵恶臭从小

蚁哥身上传来。

“小蚁哥放屁了！”大家一边大叫，一边用手紧紧捂住鼻子，另一只手还不停地扇风。

“不是我……”小蚁哥委屈地说。

于是大家齐刷刷地看向小蚁哥怀中的小妹妹。

蟑螂霸一检查，哎呀，果然是小妹妹拉臭臭了，实在是太难为情了。蟑螂霸赶紧脱下小

妹妹的尿不湿，用湿纸巾把小妹妹的屁股擦干净，再给她换上干净的尿不湿。

“我去扔湿纸巾和尿不湿！”话音还没落，小蚁哥拎着垃圾一溜烟跑了。

“喂！小蚁哥！你知道尿不湿属于哪类垃圾吗？”还没等蟑螂霸说完，小蚁哥早已没了踪影。

小蚁哥拎着湿纸巾和尿不湿，站在垃圾桶前犯了难：尿不湿属于哪类垃圾呢？厨余垃圾？不可能。可回收物？更不可能。尿不湿里有脏脏的臭臭，应该还有很多细菌，属于有害垃圾吗？

这时，小蚁哥远远地看到了蜻蜓老师，可算是找到大救星了。

“蜻蜓老师！我遇到困难了，您能帮帮我吗？”

“好啊！”蜻蜓老师笑眯眯地走过来，听小

蚁哥讲完难题后，微笑着说，“尿不湿的主要材料是一种高吸水性树脂，这种材料可以大量吸水，它吸收的水分可以是自身重量的几十倍!现在这块尿不湿沾上了蟑螂妹妹的臭臭，已经无法再利用了，所以我们把它归为其他垃圾。”

小蚁哥点点头。

“那我再来考考你，如果没有沾上臭臭，只吸收了小宝宝的尿呢？属于哪类垃圾？”

“也是其他垃圾。”小蚁哥想了想，肯定地说。

“没错。”蜻蜓老师仍然微笑着，“看来，我得抽空讲讲关于尿不湿的知识了，这样，当大家以后有了小妹妹或者小弟弟，就不会产生疑惑了。”

教学笔记 Date 2019.3.21

尿不湿的起源

1961年，苏联宇航员加加林步入发射舱时突感尿急，只好下来顺着太空服的管子向外排尿。同年，美国宇航员谢泼德也因飞船迟迟不能发射遭遇尿急，指挥官命令他尿在太空服里。

20世纪80年代，“太空服之父”唐鑫源为解决宇航员排尿问题，改进太空服，加入高分子吸收体，发明了能吸水1400毫升的纸尿片。这一技术后来转为民用，生产了出现在千家万户的尿不湿。

蜻蜓老师

医疗垃圾

3 月 28 日　天气

“立正，向前——看！”你瞧，小蚁哥正在整队。今天昆虫班的同学们非常安静。

这是怎么回事呢？

原来今天他们要去科学实验室操作显微镜，同学们既兴奋又期待，这可是他们惦记了很久的实验。

“同学们，今天怎么这么严肃呀？”蜻蜓老师问。

“蜻蜓老师，我们迫不及待地想看显微镜下的微小世界。”蜜蜂珍珍满脸的期待。

“对呀，蜻蜓老师，我昨天兴奋了一晚上，都没怎么睡好。”螳螂刀不好意思地说。

“哈哈……那还等什么，让我们赶紧进实验室一探究竟吧。”蜻蜓老师振动着翅膀，带同学们进入实验室。

同学们井然有序地走进实验室，看着桌面上一架架显微镜，都快移不动步子了。

“哇，真的是显微镜！”蜜蜂珍珍激动地说道。

“有什么好大惊小怪的，我家也有，我已经

玩了好久了。”蟑螂霸一边满怀好奇地摸着显微镜，一边不屑地说。

“好了，同学们，安静！正如大家所见，今天我们要一探显微镜下的微小世界。”蜻蜓老师晃晃手中的洋葱,问道,“你们看,这是什么?”

“洋葱。”小蚁哥懒洋洋地回答，“蜻蜓老师，大家都认识。”

“那你们见过显微镜下的洋葱吗？”蜻蜓老师故弄玄虚地问,“跟我们肉眼所见的有什么不同呢？”

“当然不能直接把整个洋葱放在显微镜下观察，我们要先制作一个洋葱表皮标本。第一步，准备干净的载玻片和盖玻片；第二步，用胶头滴管滴一滴清水于载玻片中央；第三步，用美工刀在洋葱内表皮切一个小正方形，用镊子小心翼翼地取下一小块透明薄膜，平铺于载玻片上的水滴中；第四步，用镊子夹住盖玻片的一侧，使盖玻片的另一侧先接触载玻片上的水滴，然后慢慢放下盖玻片，防止产生气泡……”蜻蜓老师滔滔不绝地说着，同学们聚精会神地听着。

“听明白了的话就开始挑战吧。”蜻蜓老师一声令下，早已按捺不住的同学们开始操作起来。

同学们正有条不紊地制作着洋葱表皮标本，“啊！”突然，一声尖叫打破了实验室的宁静。蝴蝶美美手足无措地说：“蜻蜓老师，蜜蜂珍珍的手被美工刀割开了，流血了。”蜻蜓老师快速走到蜜蜂珍珍身边，仔细地检查，紧皱的眉头慢慢舒展开来，对小蚁哥说：“小蚁哥，你去拿一下医药箱，我来处理蜜蜂珍珍的伤口。”

小蚁哥二话不说，急匆匆地去实验室一角

拿来医药箱。

蜻蜓老师先拿出酒精棉球，将伤口处的血液和污渍擦干净，接着拿出一张创可贴贴于伤口处，并仔细嘱咐道：“下次使用刀具时要注意安全。”

蝴蝶美美拿起用过的酒精棉球，却不知该丢在哪个垃圾桶里：“蜻蜓老师，这个应该扔在哪里呢？”

螳螂刀急不可耐地抢答：“这个我知道，我

在医院看到过，医生和护士们将用过的棉球扔在黄色的垃圾桶里，这个垃圾桶叫……叫……”螳螂刀拍拍脑袋，“哎呀，我怎么想不起来了。”

蜻蜓老师竖起大拇指，赞许地看着螳螂刀：“螳螂刀，看你平时大大咧咧的，没想到也是个生活的有心者，继续保持！同学们，正如螳螂刀所说，医院里的黄色垃圾桶用来装接触过病人血液、皮肤等的污染性垃圾，如使用过的棉球、棉签、纱布、吊水袋和针等一次性医疗器具，这些都被称为医疗垃圾。”

蝴蝶美美心里一惊，说：“幸好我刚刚没有乱丢。可是，蜻蜓老师，我们学校哪里有黄色的医疗垃圾桶？我好像没见过。”

“在学校和社区，我们可以将少量的棉球、棉签、纱布、创可贴等丢进其他垃圾桶，如果

量比较大的话，还是要收集起来送到附近的社区医院。”小蚁哥伸出手，“美美，你给我吧，我去扔。”

蜻蜓老师严肃地说：“我们可千万不能将医疗垃圾混入生活垃圾。医疗垃圾往往带有病毒、细菌，危害性是普通生活垃圾的几十、几百甚至上千倍。如果混入生活垃圾，流散到人们生活的环境中，就会传播疾病。所以医疗垃圾与生活垃圾绝对不可以混放。”

“嗯，蜻蜓老师，您放心，医疗垃圾危害这么大，我们一定会特别注意。”

No. ________
Date 2019.3.28

医疗垃圾

1.使用过的棉球、棉签、纱布、吊水袋和针等一次性医疗器具都是医疗垃圾。

2.医疗垃圾如果不加强管理，随意丢弃，就会污染大气、水源、土地以及动植物，传播疾病，严重危害人的身心健康。

3.医疗垃圾一定不可以和生活垃圾混放。

小蚁哥

百变易拉罐

4月9日 天气

昨天放学前，蜻蜓老师神秘地说："同学们，明天每人带一个易拉罐来学校。"同学们纷纷围到蜻蜓老师旁边，叽叽喳喳地问："蜻蜓老师，带易拉罐干什么？""老师，明天要做实验吗？"……

可是蜻蜓老师什么都不肯说，保持着神秘的微笑离开了教室。

今天一大早，当蜻蜓老师踏着上课铃声走进教室的时候，同学们早就端端正正地坐好，安静地等待蜻蜓老师宣布好玩的任务了。

迎着大家期待的目光，蜻蜓老师说：“平时大家喝完饮料，总会留下许多空易拉罐。其实易拉罐是我们的好朋友，我们可以用它做好多有趣的实验！”

“真的吗？”教室里顿时沸腾起来。

“今天的这个实验叫易拉罐耍杂技。易拉罐怎么会耍杂技呢？让我们耐心地来看一看。请大家准备一个空易拉罐和一杯水。”

“首先，我们尝试将空易拉罐斜立在桌面上。能立住吗？”蜻蜓老师问。

“我的不行！”“我的也立不住！”

“现在，往易拉罐里倒大约三分之一的水，再次尝试把易拉罐斜立在桌面上——这次易拉罐可以很轻松地斜立在桌面上了。”

“哇！我的易拉罐立住啦！”小朋友们兴奋地叫起来。

“蜻蜓老师，这是为什么呢？”小蚁哥代表大家提问。

“其实物体保持平衡的关键是重心。易拉罐空着的时候，重心比较高，很难保持平衡。倒入三分之一的水后，易拉罐的重心降低了，就能很轻易地斜立在桌面上。溜冰、滑雪运动员把腰和膝盖压得很低也是这个原因。”蜻蜓老师耐心地解答着。

原来小小易拉罐还会这等“杂技”！

“太好玩了！”小朋友们开心地叫道，“我回去要表演给爸爸妈妈看！”

“易拉罐的材质是铝，铝的本领大着呢！它是一种非常柔软的金属，我们可以用剪刀将易拉罐制作成各种漂亮的工艺品。瞧，这是用易拉罐做的小椅子、花篮、风车……”

“原来看起来已经没什么用的易拉罐可以做出这么多好玩的东西！”螳螂刀感叹道。

“是啊！但有些易拉罐确实无法再利用，只能丢弃。同学们，谁知道易拉罐属于哪类垃圾？”

同学们小声地讨论起来。

“蜻蜓老师，我知道。”小蚁哥自告奋勇，“铝是一种金属，它可以熔化，打造成新的铝制品，所以易拉罐应该属于可回收物。”

“说得没错，小蚁哥！”蜻蜓老师点头认可，“其实，除了铝，还有很多其他金属，比如铁、铜等，都属于可回收资源。我们可以将它们收集起来，卖给再生资源回收站。经过重新加工后，这些金属又会变成有价值的物品。”

小朋友们认真地点点头，原来小小的易拉罐里藏着这么多奥秘。现在他们已经迫不及待地想亲自做一个易拉罐工艺品了。

你见过“便便肥”吗

4月16日 天气 ☀

“丁零零……”

下课铃声响起，同学们像小鸟一样涌出教室，去参加自己喜爱的课间活动。寂静的校园顿时热闹起来。

蝴蝶美美想上厕所，拉着蜜蜂珍珍往厕所跑。

“咦，那是什么？”眼尖的蜜蜂珍珍看到厕所附近堆叠了好几袋不明物体，周边还围满了同学。“昨天还没有呢！”

只听螳螂刀捂着鼻子嫌弃地说道：“这是便

便，怎么会放在这里啊，谁放的？”小蚁哥伸手一拍螳螂刀的头：“你是只看一半的吗？这袋子上明明写着‘便便肥’。”其他围观的同学顿时哈哈大笑。螳螂刀揉着头，低声嘟囔着：“不是一样的吗……”

“便便肥是什么？”蜜蜂珍珍挤到前面，蹲下身，一会儿凑过去闻闻，一会儿用手捏捏。

“咳！咳！”小蚁哥故意咳嗽几声，借机吸引同学们的注意，“我觉得，便便肥，顾名思义，就是便便做的肥料……”

不等小蚁哥说完，蟑螂霸就打断了他：“不可能，你有闻到臭味吗？便便怎么可能没有臭味？”

一听这话，大伙儿抽动鼻子努力嗅着：“哎，确实一点臭味也没有。”

“对，我觉得这次蟑螂霸说得没错。”

“小蚁哥，这不会是便便，我以前在农村见过有机肥，那个臭气熏天，根本不能靠近，跟这个完全不一样。”

“那这是什么呀？”

……

一时间，大家没了主意。

蝴蝶美美建议道：“这还不简单吗？我们去请教博学多才的蜻蜓老师吧。”

“对，我去请蜻蜓老师。”螳螂刀边说边跑，

一下子就没了身影。

蜻蜓老师被螳螂刀拖着来到同学们中间。“哎哟，螳螂刀，你跑那么快干什么，老师都喘不过气了。”蜻蜓老师气喘吁吁地说。

“蜻蜓老师，这是什么？”蜜蜂珍珍指着那几袋不明物体，迫不及待地问道。

“哦，这个啊！”蜻蜓老师笑着回答，“这叫便便肥，是用来肥沃学校的菜地的。”

“蜻蜓老师，那便便肥是用什么做的呢？”小蚁哥迫切地追问，想印证自己的想法。

“这还不够清楚吗？便——便——肥——”蜻蜓老师蹲下身，一边指着包装袋上的字，一边缓缓读着，“当然是用便便做的。”

“可是……便便做的，怎么会一点臭味都没有？”

“你们想知道便便肥是怎么生产的吗？为什么会一点臭味都没有呢？”

“想。”大家异口同声地高呼。

“那——”蜻蜓老师故作神秘地说，“我们去参观便便肥的生产厂，有兴趣吗？”

说走就走，蜻蜓老师随即申请校车，带着昆虫班的同学们前往便便肥生产厂——宁波市生化处理厂。

同学们怀着忐忑的心情，来到此次考察的目的地。

下车后，一路上捂着鼻子的蝴蝶美美拉着蜻蜓老师诧异地问：“蜻蜓老师，我们没有走错地方吗？这个厂怎么这么整洁，一点臭味都没有？”

“宁波市生化处理厂为了防止对周边居民造

成影响，生产车间专门配有一套除臭设备，把打造花园式厂区作为工作目标，合理配置了灌木、乔木，通过除臭、绿化等方面的大量工作，做到无一丝臭味。”蜻蜓老师解释道。

“欢迎小朋友们来参观宁波市生化处理厂。”这时，厂区工作人员正好出来迎接昆虫班的同学们。

工作人员带着同学们参观了便便肥生产车间，“粪便从开始的吸粪作业、中间的运输再到厂区处理，实现了全密闭化，只需一人管理中控系统即可。”

“叔叔，便便肥真的是便便做的吗？”

“是的，粪便经过无害化处理，产生的废水在达标后排入污水管网，粪渣则作为资源化利用的原料，经过除臭、晾干、包装成袋，成为便便肥，用于瓜果、蔬菜等农作物的种植。”

小蚁哥好奇地追问：“叔叔，粪渣与普通肥料相比，有什么神奇之处吗？”

工作人员竖起大拇指：“便便肥神奇的地方可多了。第一，便便肥可显著提高蔬菜产量，土粪比例 1:1，可以让产量提高 2.7 倍。宁波市慈溪新浦浦发蔬菜农场用便便肥施肥后，一亩地西兰花收成 2500 千克，产量是未使用便便肥的 5 倍，收入增长近 9000 元。”

“哇，便便肥好厉害！”同学们听到这一个个数据，惊讶得张大嘴巴。

“第二，便便肥可以改善土壤性质，提高土壤肥力，有效避免土壤板结。第三，便便肥不会对地下水造成重金属或病原菌污染。第四，便便肥还解决了原先粪便污染环境、占用空间等问题。你们说，便便肥神奇吗？”

同学们纷纷点头：“神奇！厉害！”

“那你们想带点便便肥回家吗？”工作人员提议道。

“我要！”螳螂刀抢先说道。

同学们人手一小袋便便肥，兴奋地讨论着回家后如何使用便便肥以及种什么绿植。

变废为宝小能手

4 月 30 日　天气

蜻蜓老师面带微笑地走进教室，举起手中的一张海报对大家说："小朋友们，我们要举行一次变废为宝小制作比赛，还要选出变废为宝小能手。"

蜻蜓老师刚说完，大家都兴奋起来，嚷着"我要成为小能手"。

这时，蜜蜂珍珍举手问："蜻蜓老师，什么是变废为宝小制作？"

教室里突然安静下来，大家用奇怪的表情看着蜜蜂珍珍。

蝴蝶美美小声地说：“珍珍，你忘啦？上学期我们用废旧材料做过一个购物袋，你做的购物袋特别漂亮。”

蜻蜓老师看到大家的表情笑了起来：“看来大部分同学都记得上学期手工课做的那个购物袋。对，把废旧物品设计改造成有用的物品就是变废为宝。”

螳螂刀举手问：“蜻蜓老师，那这次我们做什么呢？”

“什么都可以，我们要比一比谁的作品更有创意，谁的作品更实用。”蜻蜓老师笑着解释。

小蚁哥站起来说：“我们一定好好动脑筋，想办法把家里的废旧物品重新利用起来。”

蜻蜓老师摸摸小蚁哥的头，又对全班同学说：“下星期请把自己的变废为宝小制作带来，

并简单地介绍你的作品。”

小蚁哥一到家就开始找废旧物品——旧衣服、塑料瓶、铁罐子、旧玩具、木棒等。他看着这么多的废旧物品犯起难来，不知道要做什么，也不知道该怎么做。小蚁哥想请爸爸妈妈帮忙，但爸爸妈妈却让小蚁哥自己观察家里的生活用品。

过了一会儿，小蚁哥高兴地叫起来：“我知道了，原来废旧物品可以做好多东西。”

他拿着家里的拖把跑回那堆废旧物品前，喊道："我要做拖把。"

小蚁哥照着家里拖把的样子，拿剪刀把旧衣服剪成一条一条，用绳子把它们绑在木棒的一头。

做完后，小蚁哥兴奋地举着拖把喊："我会做拖把了，它能帮爸爸妈妈拖地。"说着小蚁哥就把拖把弄湿，在家里拖起地来。

到了星期一，大家带着自己的变废为宝小制作来到学校。蟑螂霸带来了用矿泉水瓶做的浇花器，蜜蜂珍珍带来了用旧布、旧衣服做的布娃娃，蝴蝶美美带来了用旧玻璃瓶做的花瓶，螳螂刀带来了用旧碟片和铁丝做的玩具自行车……蜻蜓老师让大家一个一个展示并介绍自己的作品。

轮到小蚁哥展示了，他拿着自己做的拖把走上台。

这时蟑螂霸突然喊起来："小蚁哥，你的拖把为什么脏兮兮的？"

说完大家都哈哈大笑起来，小蚁哥却神气地说："我的拖把是在家里帮爸爸妈妈拖地弄脏的。"

蜻蜓老师点点头说：“小蚁哥真了不起，不仅变废为宝，还用它来帮爸爸妈妈做家务。”听完蜻蜓老师的话，大家都为小蚁哥鼓掌。

最后，大家评选小蚁哥为“变废为宝小能手”。

蛋王争霸

5月6日　天气 

今天清晨，天空中下着小雨，昆虫班的小朋友们早早地就来到了教室。因为今天是立夏，大家期待已久的蛋王之争又拉开序幕了！

教学笔记　　Date 2019.5.6

立夏是农历二十四节气中的第七个节气，夏季的第一个节气，表示孟夏时节正式开始。斗指东南，维为立夏，万物至此皆长大，故名立夏也。立夏之日，民众有尝新、斗蛋、称人等传统。自立夏始，雨水充沛，万物繁茂。

蜻蜓老师

“嘿，小蚁哥！”教室里响起螳螂刀洪亮的声音，“快来，你看我带的鹅蛋大不大？”

还没等小蚁哥回答，蝴蝶美美不屑地说：“大有什么用？你看我的鸡蛋，多漂亮呀！我敢保证，我的鸡蛋一定是我们班，不，是我们学校，独一无二的！”

还没等螳螂刀开口，蝴蝶美美便骄傲地走开了。

螳螂刀当然不服气，可是他又不想跟女孩子吵架，就一个人坐在椅子上生闷气。

“嘿，螳螂刀！”小蚁哥蹦蹦跳跳地走过来，“你在想什么？”

“啊？没什么。”螳螂刀回过神来，摆摆手，“对了，小蚁哥，你看我的鹅蛋，这是我和爸爸一起在农场找到的。不过，刚才蝴蝶美美却说，

大的不一定厉害，我可真有些生气！算了，比赛还没开始，谁知道哪个蛋厉害呢？”

“螳螂刀，你这样想是对的。现在谁都不能下定论，我们只能尽全力去尝试。如果最后能拿冠军，当然很棒，但就算没有拿冠军，也不会妨碍我们度过愉快的一天呀！”小蚁哥笑着说。

螳螂刀也笑起来。

“蜻蜓老师来了，大家快坐好！”蜜蜂珍珍看到蜻蜓老师走过来，赶紧提醒大家。大家“噌”一下回到自己的座位上，小心翼翼地从课桌里取出准备已久的蛋，攥在手中。

激烈的蛋王之争上演了。鸡蛋组、鸭蛋组、鹅蛋组的选手轮番登场，参赛的小朋友个个面红耳赤，围观的小朋友则在一旁摇旗呐喊。

“啪！”鸡蛋组的蛋王产生了！是蜜蜂珍珍！

“啪！”鸭蛋组的蛋王产生了！是小蚁哥！

“啪！”鹅蛋组的蛋王产生了！是螳螂刀！

教室里有人欢喜有人愁。

蝴蝶美美的鸡蛋碎了，正在一边伤心地哭。螳螂刀过去安慰道：“美美，别伤心，我承认，你的鸡蛋是我们班最漂亮的鸡蛋。小蚁哥说了，如果最后能拿冠军，当然很棒，就算没拿到，也不会妨碍我们度过愉快的一天！”

蝴蝶美美望着螳螂刀，停止哭泣，大眼睛扑闪扑闪：“谢谢你，螳螂刀。小蚁哥说得对，今天是愉快的一天，我们应该快乐地度过！来吧，我们一起去看看，比赛刚结束，教室肯定需要打扫，我最见不得漂亮的教室被弄脏了。”

果然，教室里留下了很多破碎的蛋壳，蝴蝶美美和螳螂刀三下五除二就把所有的碎蛋壳扫进了畚斗。可是接下来他们就犯难了，碎蛋壳该倒进哪个垃圾桶呢？正犹豫，他们的眼前飘过一个身影。

“嘿，小蚁哥！我们正巧有个问题想请教！”

“嗯？”

“我们已经把碎蛋壳扫进畚斗了，接下来该倒进哪个垃圾桶呢？”

“这个不难，碎蛋壳属于厨余垃圾，应该

扔进……”

“绿色的厨余垃圾桶！”蝴蝶美美和螳螂刀异口同声地说。

“没错！”小蚁哥笑了起来。

厨余垃圾处理厂

5月14日　天气

今天下课，绿色学校昆虫班的同学们在讨论自己的家族对人类的贡献。

螳螂刀首先发话："我们螳螂手舞'镰刀'，是许多害虫的克星，为人类做出了贡献！"

"你们看，我们蝴蝶长得多美！"蝴蝶美美扇动起绚丽的翅膀，自豪地说，"我们是美的化身，人类处处以我们为模型来美化生活，什么蝴蝶结啊，蝴蝶扣啊，真是说也说不完！"

蜜蜂珍珍腼腆地说道："我们蜜蜂也为人类做了许多事，比如酿蜜、传播花粉。"

大家听了，都不住地点头。

忽地，大家的目光转向蟑螂霸，看样子，大家想听听蟑螂家族对人类的贡献。

要说蟑螂对人类的贡献，还真是难找，找到的全是害处：污染环境、传播疾病……蟑螂霸在脑海中搜索了一遍自己家族对人类的贡献，但是一无所获。

“蟑螂霸，你倒是快说啊，你们蟑螂对人类有什么贡献？”同学们异口同声地问。

“我们……我们蟑螂……”蟑螂霸低着头，脸涨得通红，支支吾吾。

小蚁哥过来说：“同学们，不要为难蟑螂霸了，每个人都有优点和缺点。”

“但蟑螂家族的优点是什么呢？”同学们追问。

“哇……”蟑螂霸竟被同学们逼得哭起来。

哭声引来了蜻蜓老师。蜻蜓老师了解情况后，说：“孩子们，蟑螂家族也为人类做出了贡献！人类的有些厨余垃圾处理厂利用蟑螂处理厨余垃圾，产生沼气。”

“真的吗？”蟑螂霸擦掉眼泪，说，“蜻蜓老师，你带我们去参观厨余垃圾处理厂吧，让同学们看看我们蟑螂家族对人类的贡献！”

“是啊！”

“我们想去参观厨余垃圾处理厂！”

“好吧，让大家增长增长见识也好。那么，我们下午就出发！”蜻蜓老师是一个说干就干的好老师，怪不得同学们都喜欢她。

午饭后，大家乘车向郊外的厨余垃圾处理厂进发。约半小时后，他们来到厨余垃圾处理厂，接待他们的是处理厂的总工程师。

总工程师带领他们先来到一个宽敞的大厅。只见大厅中有个几十米深的大坑。总工程师介绍：“这个大厅是厨余垃圾堆积区，城市运送来的厨余垃圾先在这里堆积。”

“哇！这个堆积区可真大！”同学们由衷地赞叹，“比我们的学校还大！”

总工程师又带他们参观堆积区旁的六个大

圆柱体罐子，说："这六个大罐子是用来发酵厨余垃圾的。"

一听到"发酵"二字，同学们竖起耳朵，他们要听听蟑螂家族是如何参与发酵厨余垃圾的。

"叔叔，您快说说，人类是如何利用蟑螂处理厨余垃圾的？"蟑螂霸早就等不及了，想了解自己家族的丰功伟绩。

总工程师继续介绍："四川等地的一些厨余垃圾处理厂就是利用蟑螂处理厨余垃圾的。在这样的大罐子里生活着许多蟑螂，它们吃进厨余垃圾，排出的粪便在一定条件下会产生沼气，为人类做出贡献！"

"你们听，我们蟑螂也很了不起！"说着，蟑螂霸昂起头，挺起胸。

"不过，我们宁波的厨余垃圾处理厂没有请蟑螂帮忙，而是利用菌类进行发酵。发酵后产

生的沼气都输入工厂的沼气池。沼气的用处可大了，可以做燃料，每家每户都需要它。”总工程师用手指了指不远处一个很大的球状罐子，说，“这个就是沼气收集区。”

他回过头拍着蟑螂霸的肩说：“我们也很想请蟑螂帮忙处理厨余垃圾，下次有机会，还要请你们蟑螂家族来帮忙！”

“能为人类做贡献，是我们蟑螂家族的荣幸！”蟑螂霸眼中闪烁着自豪的光芒。

小蚁哥竖起大拇指，说："蟑螂霸，你们真厉害！变废为宝，为人类、为我们的家园做出了大贡献！"

接着，总工程师带领大家来到一个喷泉旁，说："厨余垃圾产生的泔水，工厂会经过层层严格处理，把它变成比较洁净的水。大家看，这个喷泉喷出的水就是经过工厂处理的泔水。"

"哇！厨余垃圾处理厂真了不起！"同学们啧啧称赞。

“大家闻闻，这水没有刺鼻气味；大家看看，这水洁净澄澈！”小蚁哥为这样的厨余垃圾处理方式感到骄傲。

“孩子们，人类运用科学技术，变废为宝，真是伟大！”蜻蜓老师说道。

夕阳西下，厨余垃圾处理厂被余晖染上了一层金色，真是耀眼。

各种各样的垃圾收运车

5月22日　天气

“蟑螂霸还没回家，是不是还在学校啊？”蟑螂霸的妈妈给蜻蜓老师打电话，着急地问。

“没有啊，除了值日生，没有同学留校，而且今天也不是蟑螂霸做值日。”蜻蜓老师一听蟑螂霸六点了还没到家，也急坏了。

住蟑螂霸家附近的几个同学都说蟑螂霸是和螳螂刀、小蚁哥一起回家的，于是蜻蜓老师拨通了小蚁哥家的电话。

“小蚁哥，你知道蟑螂霸去哪里了吗？这么晚了他还没有回家。”蜻蜓老师问。

“没回家？我看他拐到那条回他家的路上了呀。”小蚁哥很惊讶地说道。

“那你们回家路上有没有发生什么事情或看到什么？”蜻蜓老师疑惑地问。

“哦，螳螂霸差点被一辆垃圾收运车带走，当时他又害怕又气愤。”小蚁哥回想起放学路上的事情。

“怎么会被垃圾收运车带走？我去找你，我们见面说。”

到了小蚁哥家，蜻蜓老师听小蚁哥详细讲述了今天放学后的经历：“我们路过菜市场时，蟑螂霸闻到了特殊的气味，他说是香的，我和螳螂刀都说是臭的。于是我们三个决定去那个发出气味的地方一探究竟。到了才发现，原来菜市场旁边的垃圾箱附近有一些发酸发臭

的蔬菜果皮，我和螳螂刀闻着臭味觉得恶心，可是蟑螂霸爬到一个垃圾箱上面，非说那是香的。这时开来一辆垃圾收运车，没几下就把蟑螂霸趴着的垃圾箱给拉走了，我们费了九牛二虎之力才把蟑螂霸从车子上拽下来。他会不会找那个开垃圾收运车的师傅理论去了？因为当时他很生气。”

“有这个可能。那你能说说那个垃圾收运车

长什么样子吗？”蜻蜓老师问道。

“车子比较小，不像来我们学校收垃圾的车子，车头和车身可以分离。”

蜻蜓老师边听边画起了小蚁哥口中的垃圾车：“是不是这样子？”

“对，差不多就是这样，蜻蜓老师你好厉害！”小蚁哥称赞道。

“我知道蟑螂霸在哪里了。附近有个垃圾中转站，他应该就在那里。”蜻蜓老师带上小蚁哥以最快的飞行速度来到垃圾中转站。

小蚁哥一到垃圾中转站就惊呆了。跟上次见到的一样，这里依然没有看得见的垃圾，但却有各种车子，估计是垃圾车停车场。可是怎么会有这么多垃圾车呢？大的小的，颜色各异，形状也不尽相同，这里简直就是一个车展世

界！小蚁哥惊叹着垃圾车的种类，差点忘了找蟑螂霸。

蜻蜓老师飞到高空，扫视整个垃圾车停车场，看到一个黑乎乎的身影在移动，是蟑螂霸！她压低翅膀，飞向蟑螂霸。

“终于找到你了，蟑螂霸。”蜻蜓老师松了一口气。

蟑螂霸突然哭了起来：“我以为我今天肯定回不了家了，没想到你们找到我了。这里有太多不一样的垃圾收运车了，我进来后就迷路了。怎么会有这么多不同的垃圾收运车啊？”

“以后不能自己一个人乱跑了，你爸爸妈妈都急疯了。”蜻蜓老师背上蟑螂霸，找到了小蚁哥。

借这个机会，蜻蜓老师带小蚁哥和蟑螂霸

认一认这里的垃圾收运车。“之前带走蟑螂霸的是钩臂式垃圾收运车，它们经常停放在菜市场等人多的地方，可以一车配多个垃圾箱。而这种像混凝土搅拌运输车一样的垃圾收运车是收集餐厨垃圾的，也叫泔水车。那个像挂了电梯一样的垃圾收运车是用来挂垃圾桶的，叫挂桶式垃圾收运车，一般去学校等场所收垃圾桶。还有这种可以压缩垃圾的垃圾收运车，这种可以摆臂的垃圾收运车，这种自卸式垃圾收运车……总共有八种。”

太多垃圾收运车种类了，小蚁哥和蟑螂霸应接不暇。小小的垃圾收运车还有这么多学问，不同的垃圾收运车适用于不同场所，还要根据不同的情况配备相应的功能和形状。现在根据垃圾分类的要求，垃圾收运车也分为专门收集

有害垃圾的垃圾收运车、厨余垃圾收运车、可回收物收运车、收其他垃圾的垃圾收运车。

“那收纸板箱的三轮车是不是也是其中一类呢？”蟑螂霸问道。

“从严格意义上来说，应该也是！”蜻蜓老师回答道，大家不约而同地笑了起来。

教学笔记

Date 2019.5.22

垃圾收运车的学问有很多，根据用途和功能可以分为：

1. 自卸式垃圾收运车——可用于沿街定时收集生活垃圾。

2. 摆臂式垃圾收运车——分为地面式和地坑式两种，摆臂垃圾斗则有方形和船式之分。

3. 密封式垃圾收运车——密封性好，不会散发臭味。

4. 挂桶式垃圾收运车——可配合国标铁制或塑料垃圾桶使用。

5. 钩臂式垃圾收运车——车厢可卸式垃圾收运车，目前较为畅销的垃圾收运车型。

6. 压缩式垃圾收运车——压缩垃圾能力强，效率较高。

7. 对接式垃圾收运车——又称垃圾块运输车，一般与压缩式垃圾收运车配合使用。

8. 餐厨垃圾收运车——又称泔水车，主要用于餐厨垃圾的收集与运输。

蜻蜓老师

快递箱里的神秘礼物

5月24日 天气

丁零零……快乐的课间十分钟很快就过去了。昆虫班的同学们回到座位安静地等待蜻蜓老师。坐在窗边的蟑螂霸探出脑袋左看右看，心想：奇怪，平时上课铃一响，蜻蜓老师就进教室了，今天怎么还没来？原来老师也会迟到！

正当小蚁哥要履行班长的职责时，蜻蜓老师扛着一个大箱子飞进来。同学们满脸惊奇，忍不住“哇”的一声叫起来。螳螂刀瞪大眼睛喊：“蜻蜓老师，这箱子好大啊，里面装了什么

东西？”

“我知道，这是个快递箱，我妈妈经常在网上买东西，家里堆了好多拆过的快递箱。”蝴蝶美美兴奋地说。

小蚁哥也忍不住猜道：“蜻蜓老师，这箱子里装的不会是给我们的礼物吧！”

一听“礼物”，同学们眼睛都发光了，抑

制不住内心的激动。

“同学们，这确实是个快递箱，是小蚁哥的爸爸妈妈寄过来的。可是快递员叔叔把地址搞错了，所以我刚才急匆匆地去领回来。还是迟到了，对不起！”蜻蜓老师拍着翅膀解释道。

小蚁哥一听是自己的爸爸妈妈寄来的，更加好奇。这时，蜻蜓老师说：“小蚁哥，请你上来拆这个快递箱，看看你的爸爸妈妈为我们昆虫班寄来了什么神秘礼物。”

小蚁哥一个箭步上去，同学们催小蚁哥快点打开箱子。

小蚁哥撕开胶带、打开箱子的一瞬间，同学们惊喜连连：“哇，好漂亮的小房子！”“这个储蓄罐太可爱了！”“我喜欢这个，看起来像个小书架！”“还有这个小收纳盒！”“还有……”

“这些就是小蚁哥的爸爸妈妈为我们准备的神秘礼物，大家喜欢吗？”蜻蜓老师边说边拿出来展示。

昆虫班的同学们手舞足蹈，这份礼物太有意思了！

小蚁哥帮着拿出最后一个礼物时发现快递箱底部有一封爸爸妈妈写给昆虫班同学们的信。

蜻蜓老师请小蚁哥念给大家听。

亲爱的昆虫班小朋友们：

你们好！

我们是小蚁哥的爸爸妈妈，也是环保工作者。此时，你们肯定已经看到快递箱里的礼物了，喜欢吗？这些礼物全是手工制作的，想要得到它们，得接受以下几个考验。有信心吗？

1. 仔细观察这些手工作品，看它们主要是用什么材料做的。

2. 这些材料你见过吗？在哪儿可以收集到？

3. 你能自己动手用其中一种材料制作一件有创意的作品吗？

昆虫班的小朋友们，加油吧！顺利通过全部考验的小朋友，我们真诚邀请你带上自己的作品参加环保中心暑假举行的“环保在身边”主题作品展活动！

小蚁哥的爸爸妈妈

“太酷了！我想去环保中心参加这个活动。”蝴蝶美美兴奋地说。

蜻蜓老师微笑着说："想要参加活动，得通过考验，让我们来解密这份神秘礼物吧！"

大家围着"小房子""储蓄罐"等小心翼翼地观察着。

不一会儿，螳螂刀就发现所有作品都是用快递箱做成的。

第一关算是过了，那么第二关就简单了。

蝴蝶美美抢先说道："快递箱我最熟悉了，我们家里有好多。"

蜜蜂珍珍也不甘落后，急忙说："我们平时收到的快递很多都用箱子包装，拆完后取出物品，快递箱就被扔到垃圾箱里了，所以我们可以去垃圾箱里找一找。"

"什么？去垃圾箱里找，多脏啊！还不如去我家附近的再生资源回收站买呢。我每天放学

经过那里，看到有很多快递箱。”螳螂刀耍着大刀一脸得意地说。

“快递箱是物流运输中不可或缺的包装盒，是可回收利用的。”小蚁哥说得头头是道。

“小蚁哥说得对！使用过的快递箱属于可回收物，可以收集起来送到再生资源回收站，还能换零花钱。今天，小蚁哥的爸爸妈妈给我们提供了快递箱的新去处，那就是制作成精美的手工作品。”蜻蜓老师耐心地说道。

那么，接下来就是最大的考验了，到底怎么把快递箱制作成精美的手工作品呢？昆虫班的孩子们讨论起来。

蜻蜓老师拿起刚收到的快递箱做示范。同学们认真看着、听着。心灵手巧的蜻蜓老师不一会儿就制作出了一个漂亮的文具收纳盒。

这节课就在热闹的解密快递箱活动中结束了，可对同学们的考验还没结束。课后，蜻蜓老师告诉孩子们：“下周环保工作者会来学校挑选同学们的快递箱手工作品，作品被选上的同学暑期可以去‘环保在身边’主题作品展活动现场。”

一根日光灯管引发的争论

5月27日 天气

新的一周开始了。迎着朝阳，踏着欢快的脚步，昆虫班的孩子们回到熟悉的校园。

小蚁哥和蝴蝶美美刚走到教室外的走廊，就听到争论声："这应该丢到蓝色垃圾桶。""不对，它都发黑了，就像用过的纸巾，没法处理，应该放入黑色垃圾桶……"

争论声越来越激烈。小蚁哥加快脚步，跑进教室一看，原来是蜜蜂珍珍和螳螂刀正在争论日光灯管该扔到哪个垃圾桶。

紧跟着的蝴蝶美美喘着气问："教室里怎么会有废旧灯管？上周五我值日，明明把门窗都关好了啊！周末不会有小偷潜入吧？大家赶紧

看看有没有少东西！”

同学们一听，都笑翻了。蟑螂霸探着脑袋似笑非笑地说：“美美，上周五教室里的一盏日光灯坏了，蜻蜓老师说学校请人周末来换新的，但你上课睡着了，哈哈！”

蝴蝶美美一听，回忆起那天蜻蜓老师的课上，自己因为前一天电视看太晚而睡着了，还被蜻蜓老师单独叫去办公室批评了。

“我只是忘了。”蝴蝶美美有些尴尬，快速躲开，去整理书包了。

“看来，这根废旧日光灯管是电工叔叔换完后忘记带回去了。那我们是不是要找蜻蜓老师，请她让电工叔叔今天来拿回去呢？”蜜蜂珍珍一脸担忧地看向小蚁哥，继续说道，“这玻璃万一碎了，就太危险了。”

小蚁哥放下书包，正要开口，蟑螂霸站出来：“什么，垃圾还要还？开玩笑！我看这灯管涂成金色，就是一根威武的金箍棒，可以做玩具。蜻蜓老师不是一直说要废物利用吗？你们说这主意怎么样？”蟑螂霸得意地看着大家，期待着表扬和崇拜的目光。

显然，蟑螂霸迎来的不是表扬，而是同学们的一阵嘲笑。“玻璃是易碎品，你不知道吗？你见过那么脆弱的金箍棒吗？还废物利用，你是废物乱用。”小蚁哥拿出班长的威严，否决了蟑螂霸的想法。

看着这根两头发黑的日光灯管，小蚁哥说："这种灯管我们家也在用，之前坏了，我爸爸特别叮嘱我，灯管不能随便乱丢，更不能随意打破，这里面含有危害环境的有毒物质。所以我觉得它应该是有害垃圾，要丢进红色垃圾桶。"

"小蚁哥的爸爸妈妈是环保专家，他的话肯定错不了，这一定是有害垃圾！"螳螂刀瞬间转变自己最初的看法，一股脑儿地点头，"肯定是有害垃圾，没错！"

"玻璃和金属是可以回收利用的。这灯管中间是玻璃，两端是金属，不就是可回收物吗？应该放进蓝色垃圾桶或送到再生资源回收站。"蜜蜂珍珍坚持己见。

大家觉得小蚁哥和蜜蜂珍珍各有各的道理，不知道该支持谁。

昆虫班因为这根废旧灯管继续争论着……

这时，蜻蜓老师来到教室，大家自觉地停止争论，走向座位。

"发生什么新鲜事儿了？今天我们昆虫班格外热闹啊！"蜻蜓老师问。

"老师，你看，这废旧灯管是什么垃圾？该扔到哪个垃圾桶？"蜜蜂珍珍迫不及待地想验证自己的想法。

蜻蜓老师微笑着："你刚才的想法我听到了。灯管里确实有金属和玻璃，你很会观察和思考，但是除此之外，它还含有汞蒸气，有剧毒，会对人体和环境造成危害，应该扔进红色垃圾桶。”

“小蚁哥说得没错！果然垃圾分类还是小蚁哥懂得多！”螳螂刀手舞足蹈，不忘夸一夸班长。

一根日光灯管引发的争论给昆虫班的同学们上了宝贵的一课。大家纷纷表示，回家后要告诉爸爸妈妈日光灯管的危害，可不能随便乱丢了。

教学笔记 Date 2019.5.27

废旧日光灯管的危害

紧凑型荧光灯俗称日光灯。灯管里面含有金属汞，也就是俗称的水银。水银是一种剧毒物质，形成的汞化合物会严重污染土壤和地下水源。废旧日光灯管一旦破损，会向周围散发汞蒸气，对人体健康造成危害。一只含5毫克汞的废弃节能灯若处置不当，可能会污染多达50吨的地表水，还会以甲基汞蒸气的形式进入大气。进入呼吸道和食物链的汞，最终将侵害人体神经系统，尤其是中枢神经系统。

废旧日光灯管的处理

目前我国主要采用与废电池、废家电甚至医疗垃圾等“危险固体废物”混合焚烧处理的方式处置废旧日光灯管，主要原因是废旧日光灯管收集数量不能满足单独处理的要求。

蜻蜓老师

一次性纸杯

6月1日　天气

早晨，蝴蝶美美撕下一页日历，心情愉悦地说：“呀！六月一日，儿童节，我们自己的节日，这可真是个好日子！”

蝴蝶妈妈笑眯眯地走过来，柔声说：“宝贝，今天可不只是儿童节，还是……”

蝴蝶美美一脸诧异地看着妈妈。

蝴蝶妈妈慈祥地摸摸蝴蝶美美的头，微笑着说：“还是我家宝贝的生日呀。”

“生日快乐，宝贝！”蝴蝶爸爸端了一个漂亮的生日蛋糕过来。

“好大一个蛋糕，谢谢你们！”蝴蝶美美开心地拥抱爸爸妈妈。突然，她犹犹豫豫地说：“爸爸妈妈，蛋糕这么大，吃不完怪浪费的，正好今天是儿童节，我可以把蛋糕拿到学校，和同学们一起分享吗？”

蝴蝶妈妈高兴地说：“当然可以啊，我家宝贝长大了，知道和朋友们分享了。”

蝴蝶爸爸帮蝴蝶美美将蛋糕和果汁送到了班里。

同学们都围了过来，议论纷纷。“美美，你怎么带了这么大个蛋糕过来？”蜜蜂珍珍边欣赏蛋糕边好奇地问。“你是打算请我们吃蛋糕吗？”蟑螂霸边流口水边调侃蝴蝶美美。螳螂刀一手搭在蝴蝶美美的肩上：“美美，真够朋友，有好吃的都不忘带来一起分享。”

“好了，同学们，想知道为什么会有蛋糕吗？那就赶紧回到自己的座位上吧！”蜻蜓老师故作神秘地说。

在美食的号召下，同学们以最快的速度回到座位上，端端正正地坐好。

“大家知道今天是什么日子吗？”蜻蜓老师神秘一笑。

螳螂刀高高举手，迫不及待地说：“今天是六一儿童节，我们都知道。”

同学们纷纷点头。

“对，今天是儿童节，还有呢？”蜻蜓老师指着蛋糕追问，“给大家一点提示。”

“我知道了。”蟑螂霸喊道，“今天不会是美美的生日吧？”

蜻蜓老师笑着说：“对，今天是美美的生日，也是同学们的节日，所以美美把蛋糕和果汁拿过来与大家一起分享。”

“孩子们，节日快乐！美美，生日快乐！”蜻蜓老师由衷地祝福道。

“美美，生日快乐！”同学们异口同声地向蝴蝶美美祝贺。

蝴蝶美美害羞地站起来：“谢谢大家！”

在齐唱生日歌、寿星蝴蝶美美许愿等一系列环节后，蜻蜓老师将生日蛋糕切好，装入一次性盘子，再将果汁倒入一次性杯子。

“孩子们，按照次序上台，各领取一份蛋糕和一杯果汁。吃的时候要注意，不要打翻，吃完后请整理干净你们的桌面。”蜻蜓老师嘱咐道。

蟑螂霸忍不住打断道：“蜻蜓老师，我们都知道，好想快点吃蛋糕。”

同学们一手拿蛋糕，一手端果汁，开心地吃着。

螳螂刀狼吞虎咽地吃完蛋糕，喝完果汁，举手道：“蜻蜓老师，我吃完了，可以去扔垃圾了吗？”

蜻蜓老师问：“那我考考你，装蛋糕的一次性盘子和装果汁的一次性杯子应该丢进哪个垃圾桶？”

“这个，我知道，一次性盘子和杯子都是用

纸做的，纸是可回收的，那么一次性盘子和杯子当然是扔在蓝色的可回收物垃圾桶里喽！”螳螂刀看着蜻蜓老师，自信满满地说。

“螳螂刀的垃圾分类学得不错。没错，报纸、纸板等都属于可回收物，可是使用过的一次性盘子和杯子是不可回收的。”虽然螳螂刀没有答对，但是蜻蜓老师仍满意地点点头。

“其他同学知道今天的一次性盘子和杯子应该扔哪里吗？”蜻蜓老师缓缓地问道。

小蚁哥不确定地说：“难道是扔在其他垃圾桶里面吗？”

蜻蜓老师追问：“你能说说你为什么这么猜吗？”

“干净的一次性杯子应该可以扔在可回收物垃圾桶里，可是我们手中的一次性盘子和杯子已经被蛋糕与果汁污染了，可能就不能被回收了，既不属于可回收物，也不是厨余垃圾，更不可能是有害垃圾，那就只能是其他垃圾了。”小蚁哥小声地说着自己的猜测。

蜻蜓老师拍手道：“小蚁哥分析得基本正确。不过纸杯、饮料杯、方便面杯等不可回收，是因为它们表面有一层防止渗水的塑料薄膜，在回收处理环节不易与纸分离。照片、复写纸、

收据单等不可回收，也是因为它们成分复杂，再生处理时不能充分排除异物。因此，它们都属于其他垃圾。”

“垃圾分类学问多，认真践行，细致分类，我们要学习的还有很多。蜻蜓老师，谢谢您，让我今年的生日变得意义非凡。”蝴蝶美美发出由衷的感慨。

No.

Date 2019.6.1

一次性纸杯的“归处”

1. 纸杯、饮料杯、方便面杯、照片、复写纸、收据单等，虽然是纸，但不是可回收物，属于其他垃圾，千万别放错垃圾桶。

2. 它们不能被回收的原因是表面有一层塑料薄膜或成分复杂，再生处理时，不易操作。

小蚁哥

好玩的造纸课

6 月 17 日　天气 

下周就要期末考试了，蜻蜓老师检查教室卫生时，发现教室里有很多同学们扔掉的草稿纸，就决定给大家上一节特别的课。

上课铃声响起，蜻蜓老师带着造纸工具来到教室。大家看到蜻蜓老师手里拿着的东西，马上兴奋起来。

蟑螂霸好奇地问：“蜻蜓老师，今天不上复习课了吗？”

蝴蝶美美接着问：“蜻蜓老师是要给我们做实验吗？”

蜻蜓老师说：“最近大家处于紧张的期末复习阶段，今天这节课我们一起放松一下，用这些工具来造一张纸。”

蜻蜓老师话音刚落，大家就沸腾起来，一个个手舞足蹈。

蜻蜓老师拿起造纸工具，开始介绍造纸的过程：第一步是造纸浆。把纸撕碎，越碎越好，再把撕碎的纸放到杯子里，倒上水，不停地搅拌，让它变成糊糊的纸浆。第二步是在这个有许多小孔的塑料板上铺一层纱布，把纸浆倒在上面，一定要倒均匀，然后再在上面铺一层纱布。第三步是把纸浆压成纸。再放一层有小孔的塑料板，用力压塑料板，因为会有很多水流出来，所以要放在塑料槽里挤压。挤压时要注意用力均匀，每个地方都要压到，这样造出来的纸才会平整。第四步是晾干。把挤压好的纸连同两块纱布一起拿出来，放到太阳底下，等纸晾干后，再把两边的纱布取下来，纸就做成了。

同学们听得可认真了。蜻蜓老师讲完方法后，故作神秘地对大家说：“今天我们造纸的原料是大家扔掉的草稿纸，大家要齐心协力收集教室里废弃的草稿纸，努力把它们变成能用的纸。”

听完蜻蜓老师的话，同学们开始行动了。

小蚁哥和螳螂刀捡得最快。一会儿工夫，教室里的草稿纸就被大家捡完了，连垃圾桶里的草稿纸也被蟑螂霸捡了回来。这时小蚁哥建议大家分工合作，一番讨论后，大家都分到了相应的工作。蜜蜂珍珍和蝴蝶美美负责取水，小蚁哥和螳螂刀负责撕纸片，蟑螂霸负责整理造纸工具。

没多久，水取来了，废纸也撕得很碎了，大家开始做纸浆。小蚁哥先搅拌纸浆，但搅着搅着，纸浆开始变灰，颜色越来越黑。蜻蜓老师问大家："纸浆为什么变灰了呢？"蜜蜂珍珍很聪明，马上接上去说："因为草稿纸扔地上后沾了很多土，所以纸浆变灰了。"小蚁哥想了想说："草稿纸上面有我们写过的字，这些字让纸浆变灰了。"蜻蜓老师肯定了他们俩的说法:“你们说得很好,那接下来该怎么办呢?”蝴蝶美美提议:“我们可以像洗衣服一样，把纸浆洗干净。”蜻蜓老师点了点头：“那就试一试吧。”大家开始把纸浆里的水沥出来，再加入清水搅拌,这样两三次后,纸浆开始变白了，大家都会心地笑了。这时，蝴蝶美美对大家说：“要是往里面加些颜料，是不是能做出五颜六色的纸？”大家听后纷纷表示赞同。蜻蜓老师表扬了蝴蝶美美，还去办公室拿来了颜

料。大家往纸浆里加入绿色的颜料，按照蜻蜓老师教的步骤，第一张纸造成了。大家把这张绿色的纸传来传去，都当宝贝一样。

蜻蜓老师让大家回到座位上，说："废纸经过改造成了崭新的纸，其实废纸的作用不仅如此，请你们想一想废纸还有什么作用？"

大家都积极开动脑筋。小蚁哥举手说："画画时，我们只用了纸的一面，之后就把它当垃圾扔了，其实还可以把这张纸的背面利用起来，当草稿纸。”蜻蜓老师点了点头：“你说得非常好，大家还有其他想法吗？”蝴蝶美美说：“纸可以回收，我们不要乱扔纸，应该集中起来放进可回收物垃圾桶。”蜜蜂珍珍接着说：“可以折纸，把它们折成好看的作品。”蟑螂霸不好意思地说：“还可以当厕纸。”大家听后笑了起来，教室变热闹了。蜻蜓老师对大家说：“很多东西和纸一样，重新利用的方法很多，大家不要轻易扔掉。”大家纷纷点头。这节课在快乐的气氛中结束了。

壮观的垃圾发电厂

6月28日　天气 

马上就要放暑假了，为了奖励昆虫班的同学们一学期来的优异表现，今天蜻蜓老师带大家参观海曙区洞桥镇的一家生活垃圾焚烧发电厂。

来到发电厂大门口，映入眼帘的是草翠花开，“哗哗”的流水声不时传入双耳。这哪是什么工厂，分明就是一个公园！

蝴蝶美美和蜜蜂珍珍按捺不住内心的兴奋，早在鲜花丛中翩翩起舞了。

小蚁哥也由衷地赞叹：“发电厂好美啊！我本以为这里一定垃圾成堆，苍蝇蚊子成群，想不到……”

“我们发电厂把浑浊发臭的渗滤液处理成澄澈无味的清水，再用清水浇灌花草。”发电厂的讲解员阿姨说道，“小蚁哥，你闻闻，能闻到垃圾的臭味吗？”

小蚁哥深吸一口气：“我只闻到了鲜花的阵阵芬芳。”

“孩子们，我们先参观发电厂的展览馆。这边请！”讲解员阿姨领着孩子们进入展览馆。

在展览馆，小蚁哥和同学们看到了发电厂的模型。这座生活垃圾焚烧发电厂规模宏大，布局合理，是一座花园式工厂。

“同学们请看，这一座就是我们发电厂的主建筑。”讲解员阿姨用手指着一座建筑模型，继续说，“这座主建筑的外观采用蜂巢结构，我们的垃圾收运车就像一只只小蜜蜂，将垃圾运到蜂巢里。”

讲解员阿姨继续领着同学们往前走，边走边介绍：“我们发电厂由宁波明州环境能源有限公司管理经营，每天处理垃圾达2250吨，总投资约14亿元人民币。烟囱高度110米……”

“阿姨，烟囱在哪里，我怎么找不到啊？”小蚁哥问。

“喏，就在那里。”讲解员阿姨指着窗外说。

“这是烟囱吗，怎么看起来一点都不像？这造型真美观！哎，阿姨，这烟囱怎么没有冒烟？是不是工厂停工了？”小蚁哥继续问。

“是啊！今天发电厂一定没有开工！”

同学们议论纷纷。

“孩子们，今天发电厂在正常运转。只不过工厂对焚烧垃圾产生的烟尘进行了严格处理，从烟囱排放到大自然的都是无烟无尘、对环境无害的气体，所以大家看不到烟。”讲解员阿姨解释道，“大家看，焚烧垃圾产生的气体就是经过这些机器的层层处理后变得洁净的。”

“哇，这些机器好大，足足有我们六七个教室那么大吧！”小蚁哥惊呆了。

“大家看，这些机器好复杂！单单看这些管子，大的、小的，颜色各异，我看得都要头晕了。”蜜蜂珍珍说。

“同学们，我们再到垃圾仓去看一看。”讲解员阿姨引路，同学们紧随其后。大家东看看，西瞧瞧，一切都是那么新奇，那么不可思议。

不一会儿，小蚁哥一行人来到了垃圾仓。

“哇，好大一个池子，可以装很多垃圾！”小蚁哥说，“真奇怪，这么多垃圾，但是并没有令人作呕的气味。”

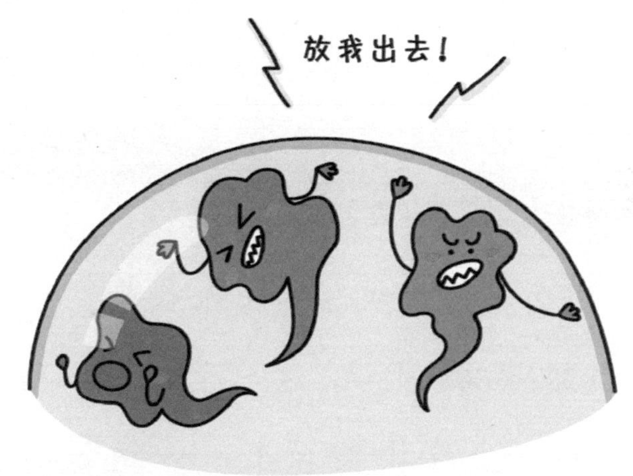

“这个垃圾仓是全密封形式的，垃圾的气味不会散发到外面。”讲解员阿姨解释道。

“大家快看，垃圾池上有长长的铁臂，铁臂上装着大抓手，大抓手正在抓垃圾！”蝴蝶美美好像发现了新大陆。

只见大抓手足足有半个教室那么大，它往

下一抓，长铁臂一伸，垃圾就被转移到了垃圾池的另一端。

讲解员阿姨介绍道："这样的长铁臂和大抓手各有三个。工人叔叔要把刚刚运送到的垃圾搬到垃圾池的另一端，并且要不断翻来翻去，滤去水分，这样才能更好地焚烧垃圾。"

"叔叔，我能不能试试操作这大抓手？"螳螂刀问正在操纵机器的工人叔叔。

"当然可以！"

螳螂刀坐在操控台上，一边操作，一边说："这长铁臂和大抓手比我的'镰刀'强多了，真了不起！如果用我的'镰刀'翻垃圾，这么多垃圾，不知道要翻多少天！"

大家听了，哈哈大笑起来。

时间过得真快，该回去了。

"这里真像个环保博物馆，暑假我们还可以

再来参观吗？”小蚁哥拉着讲解员阿姨问。

“每天都有许多市民来参观我们发电厂，欢迎大家暑假和家长一起来。”讲解员阿姨笑着拿来一叠宣传单，“我们还在招募环保宣传志愿者，有兴趣的同学把这张单子带回去，扫描上面的二维码就能报名，还能了解更多垃圾分类的知识。”

同学们兴奋地挥舞着宣传单，七嘴八舌地说：“今天晚上我就报名！”“我也要报名！”

讲解员阿姨接着说："报名成功的同学不仅能帮我们开展暑期开放服务工作，还能参加有趣的暑期系列环保活动。"

"那今年的暑期实践活动就定在这里，好不好？"蜻蜓老师说，"相信各位环保小能手会有新的收获。"

宁波垃圾分类
微信公众号

图书在版编目（CIP）数据

昆虫班垃圾分类日志．下 / 凌彬主编．— 宁波：
宁波出版社，2019.10（2020.8 重印）
（垃圾分类科普教育系列读本）
ISBN 978-7-5526-3592-8

Ⅰ．①昆… Ⅱ．①凌… Ⅲ．①垃圾处理－儿童读物
Ⅳ．① X705-49

中国版本图书馆 CIP 数据核字（2019）第 134002 号

垃圾分类科普教育系列读本

昆虫班垃圾分类日志（下）　凌彬　主编

责任编辑　陈　静　张利萍　　　责任校对　徐　敏
装帧设计　麦尔肯视觉设计
出版发行　宁波出版社（宁波市甬江大道 1 号宁波书城 8 号楼 6 楼　315040）
印　　刷　宁波市大港印务有限公司
开　　本　889mmx1194mm　1/20
印　　张　7.2
字　　数　50 千
版次印次　2019 年 10 月第 1 版　2020 年 8 月第 2 次印刷
书　　号　ISBN 978-7-5526-3592-8
定　　价　25.00 元